싱그러운 허브 안내서

싱그러운 허브 안내서

2024년 4월 19일 2판 1쇄 발행
2020년 1월 20일 초판 1쇄 발행

지은이   핫토리 아사미
옮긴이   류순미

펴낸이   천소희
편집   박수희

펴낸곳   열매하나
등록   2017년 6월 1일 제2019-000011호
주소   전라남도 순천시 원가곡길 75
전화   02.6376.2846 | **팩스** 02.6499.2884
전자우편   yeolmaehana@naver.com
페이스북   www.facebook.com/yeolmaehana

ISBN   979-11-90222-35-8 06480

 삶을 틔우는 마음 속 환한 열매하나

싱그러운 허브 안내서

핫토리 아사미

쓰고 그린 이 **핫토리 아사미**

수채화와 연필을 이용한 치밀하고 부드러운 그림으로 일본과 해외에서 왕성하게 활동하고 있는 일러스트레이터이다. 책, 잡지, 광고, 잡화 등 다양한 분야에서 작업을 선보이고 있으며, 무인양품 에센셜오일 제품의 일러스트를 담당하는 등 식물 그리는 일을 즐겨한다. 오랜 시간 식물 그림을 그리면서 느낀 즐거움을 더 많은 사람들과 나누고 싶어 『싱그러운 허브 안내서』, 『향기로운 꽃 안내서』 두 권의 책을 출간했다.

감수한 이 **아이자와 에이코**

옮긴이 **류순미**

도쿄에서 일한통역을 전공하고 10여 년간 일본 국제교류센터에서 근무하면서 일본 외무성을 비롯해 르노삼성, 닛산, 후지TV, TBS, KBS 등에서 통역사로 활동했다. 옮긴 책으로는 『도쿄 생각』, 『셰어하우스』, 『예술가가 사랑한 집』, 『오후도 서점 이야기』, 『이탈리아에서 있었던 일』, 『여자, 귀촌을 했습니다』 등이 있다.

나는 일러스트레이터이다. 의뢰받은 것을 그려야 하기 때문에 특정한 분야를 고집하지 않는다. 그러다 보니 개인적으로는 그다지 좋아하지 않는 대상을 그려야 할 때도 있다. 바람직하다고 볼 수는 없지만 솔직히 좋아하는 그림을 그릴 때 더 즐겁고 그 대상을 깊게 탐구하고 싶어진다.

어릴 때부터 식물 그리는 걸 좋아했다. 이유는 잘 모르겠지만 어린 마음에도 인공적으로 표현할 수 없는, 자연이 만들어낸 섬세한 모습에 끌린 게 아닐까 싶다. 또 아무리 오래 보고 있어도 질리지 않는 아름다움을 내 방식대로 표현하고 싶었던 것 같다.

그림을 직업으로 삼고 나서도 식물 그리는 일이 좋아서 그런지 잎이나 꽃을 그리다가 막히는 일은 거의 없었다. 좋아하는 일이 잘하는 일이 된다는 말처럼 점차 식물을 그려 달라는 의뢰가 늘었다. 그리고 지금도 어릴 때와 마찬가지로 식물의 아름다움을 순수

하게 표현하고자 노력하고 있다.

몇 년 전, 작은 과자 가게를 운영하는 한 여성을 만났다. 평범하지만 계속 찾고 싶어지는 소박한 과자를 만드는 사람이었다. 그중에는 매콤한 맛이 나는 쿠키도 있었는데 달콤함 속에 알싸함이 더해져 깊은 맛을 느낄 수 있었다.

대화를 나눠 보니 그녀의 어머니, 아이자와 에이코 씨는 일상 속에서 허브를 활용하는 방법과 허브를 이용한 요리를 제안하는 허브 코디네이터 일을 하신단다. 그래서 어릴 때부터 늘 허브를 가까이 접하고, 또 먹었다고 했다.

그녀는 허브향에 기억력과 집중력을 높여주는 효과가 있어서 학창 시절 자신의 책상에 항상 로즈메리 화분을 두었다는 이야기도 들려주었다. 그 영향으로 허브나 향신료를 이용한 과자를 자주 만든다는 것이다.

그때까지 난 그저 모양이 마음에 드는 식물의 잎이나 꽃을 그릴 뿐, 실용성에는 관심이 없었다. 그렇지만 그녀의 이야기를 듣고 나니 허브에 대해 좀 더 알고 싶어졌다. 아주 오래전부터 사람들이 식물을 식용, 약용, 미용에 활용했다는 것도 알게 되었고, 나도 모르는 사이에 먹거나 이용하고 있는 허브가 많다는 사실도 깨달

았다. 자연스럽게 식물 중에서도 특히 허브 그리는 일을 더 좋아하게 되었다.

직접 허브를 키워보고 싶었지만 전문서나 인터넷을 검색해보니 정보가 너무 많아 어디서부터 손을 대야 할지 난감했다. 아이자와 씨께 상의하자 베란다에서도 키울 수 있고 더욱이 생활에도 두루 쓸모가 있는 허브를 알려주셨다.

아마 나처럼 허브를 키우는 일상을 꿈꾸면서도 어디서부터 시작해야 할지 몰라 고민하는 분들이 있을 것이다. 그래서 아이자와 씨께 키우기 쉬운 50가지 허브의 특성을 배우며, 그것을 내가 제일 잘할 수 있는 방법으로 소개하고 싶었다.

이 책에는 각각의 허브 그림에 더하여 기본적인 지식과 효능, 키우는 방법과 활용 방법 등의 특성이 쓰여 있다. 사전이나 전문서와 비교하면 정보량이나 내용이 부족하고, 허브의 모양과 색을 완벽하게 재현하지 못한 것도 사실이다.

하지만 내가 어릴 때부터 아무리 그려도 질리지 않던 식물에 대해 누구나 읽기 쉬운 책으로 만들고 싶었다. 애정을 담아 정성껏 표현했으니 부디 넉넉한 마음으로 읽어주시길 바란다. 책을 통해 독자들이 허브와 가까워진다면 더 바랄 것이 없겠다.

차례

아니스 Anise

미나리과 한해살이 40~50cm

가장 오래된 허브 중 하나로 고대 이집트 시대부터 미라를 만드
는 방부제 원료로 사용되었다고 한다. 초여름이 되면 잎끝에 우
산 모양의 잔꽃이 피는데, 마치 눈의 결정처럼 가냘프고 청초하
다. 달달한 향과 함께 떫은맛도 있는 열매는 아니스 씨로 불리
며 많은 요리에 두루 이용된다. 고대 로마에서는 연회가 끝난
뒤 소화 촉진 효능이 있는 아니스를 넣은 케이크를 냈고, 이것
이 오늘날 웨딩케이크의 원조라고 한다. 아니스 열매를 우린 차
는 몸을 따뜻하게 하고 혈액 순환을 돕는다.

이탈리안파슬리 Italian Parsley

미나리과 두해살이 30~70cm

영양이 풍부해 고대 그리스 시대부터 건강 증진을 위해 식용되었다. 청량감이 살아 있는 향은 특히 토마토, 해산물, 화이트와인과 궁합이 좋아 이탈리아 요리에 빼놓을 수 없는 식재료다. 발아하려면 시간이 조금 걸리지만 한번 성장하면 떨어진 씨앗에서 또다시 새싹이 자라나기 때문에 초보자도 키우기 쉽다. 토마토나 양파 같은 채소와 함께 심으면 성장을 돕는다. 요리 장식으로 흔히 쓰이는 곱슬곱슬한 잎의 컬리파슬리curly parsley와 비교해 모양이나 향이 단정하다.

오레가노 Oregano

꿀풀과 여러해살이 30~50cm

톡 쏘는 맛으로 채소, 육류, 생선, 달걀 등 다양한 식재료와 궁합이 좋다. 오레가노가 들어간 요리를 직접 먹어보지 않았어도 우스터소스나 케첩의 향신료로 쓰이기 때문에 그 풍미를 모르는 사람은 아마 없을 것이다. 말리면 더욱 향이 짙어져 건오레가노를 많이 사용하지만, 생으로 써도 향을 음미할 수 있다. 해독작용이 있어 첨가물이 든 가공식품을 많이 먹는 사람에게 좋고, 뛰어난 살균작용은 물론 항산화작용과 불면증에도 효과가 있다. 다만 임산부와 영유아는 피하는 게 좋다.

커리플랜트 Curry Plant

국화과 여러해살이 30~60cm

어린잎에서 카레 향이 난다고 해서 붙여진 이름인데 정작 카레
용 향신료는 아니다. 쓴맛이 있어 요리에 직접 쓰기에는 적합하
지 않지만 육수나 피클을 만들 때 향을 내는 용도로 쓴다. 피침
형의 얇고 아름다운 은백색 잎을 지녔고 여름에는 작고 선명한
노란색 꽃이 핀다. 말린 후에도 꽃과 잎의 색이 바래지 않아 리
스나 포푸리에 사용된다. 꽃에는 향이 없어 어디까지나 색을 내
는 역할을 하는데, 잎은 그 향이 오래가기 때문에 '영원하다'라
는 뜻의 에버라스팅everlasting이라고도 불린다.

캐트닙 Catnip

꿀풀과 여러해살이 30~100cm

닙nip은 '깨물다'라는 뜻으로, 이름에서 연상되는 대로 고양이가
무척 좋아하는 잎이다. 사실 고양이가 정말 좋아하는 잎은 개다
래나무잎이지만 유럽에서는 캐트닙이 더 유명해서, 오래전부터
천 주머니에 말린 캐트닙을 넣어 고양이 장난감으로 사용했다.
캐트닙을 보통 개박하라고도 부른다. 식물 이름 앞에 '개'자가
들어가면 해당 식물과 모양은 닮았으나 쓸모가 없음을 의미하
지만, 캐트닙은 감기에 들었을 때 차로 마시면 해열 효과가 있는
등 여러 가지 효능을 갖추고 있다.

캐러웨이 Caraway

미나리과 두해살이 30~80cm

초승달 모양의 씨앗에 달콤쌉쌀한 향미가 있어 빵이나 과자에
자주 이용된다. 씨앗케이크를 만들 때 넣는 주재료도 캐러웨이
씨앗이다. 요리에 많이 이용되는 허브로 특히 사과와 궁합이 좋
아서 애플파이나 구운 사과에 잘 어울린다. 독일에서는 양배추
를 절여 발효시킨 사워크라우트sauerkraut에 반드시 넣는다. 입냄
새를 없애는 효과가 있어 향이 강한 요리를 먹고 난 뒤 이 씨앗
을 씹으면 좋다. 씨앗뿐 아니라 어린잎은 수프나 샐러드, 뿌리는
조림, 꽃은 포푸리 등으로 두루 쓰인다.

콘샐러드 Corn Salad

마타리과 한두해살이 10~30cm

유럽과 북아프리카가 원산지인 허브이다. 주로 옥수수 밭에서 자라는 모습에 '콘'이라는 이름이 붙었다. 프랑스 요리에 빠지지 않고 곁들이는 채소 중 하나로 '씹다'는 뜻을 지닌 프랑스어 마세mâche로도 자주 불린다. 선명한 잎맥을 지니고 연한 녹색을 띠는 잎은 부드러운데다 비타민C, 베타카로틴, 철분 등이 포함되어 있어 영양 만점이다. 아삭거리는 식감이 좋아 주로 샐러드에 이용된다. 생육이 빨라 파종 뒤 3~4주면 수확할 수 있으며 재배도 간단해서 처음 키우는 허브로 적당하다.

수레국화 Cornflower

국화과 한해살이 50~80cm

보리밭에 많이 자생하는 뛰어난 번식력 때문인지 유럽에서는
오랫동안 잡초 취급을 받았다. 여름이면 남보라, 하양, 분홍 등
다양한 색의 아름다운 꽃을 피운다. 특히 남보라색 꽃은 무척
화려해서 최고급 푸른색 사파이어를 수레국화의 영문명인 콘
플라워라고 부르기도 한다. 19세기 독일의 황제 빌헬름 1세가
사랑하여 '황제의 꽃'으로 불리다 나중에는 독일의 국화가 되었
다. 꽃잎은 샐러드나 가향차flavored tea 등에 식용으로 쓰이거나,
노화 방지에 효과가 있다고 하여 미용, 약용으로도 이용된다.

커먼세이지 Common Sage

꿀풀과 늘푸른떨기나무 30~60cm

치료나 건강을 의미하는 라틴어 살비아salvia에서 유래되었을 정도로 약효가 탁월하다. 아라비아 반도에서는 '정원에 세이지를 심은 사람은 죽지 않는다', 영국에서는 '오래 살고 싶은 사람은 5월에 세이지를 먹어라'와 같은 속담이 있을 정도이다. 폭넓은 효능으로 각종 질병을 예방해주는데, 차로 목을 헹구면 감기나 감염 예방이 될 뿐만 아니라 구내염이나 치주염에도 효과적이고, 자율신경의 균형을 잡아준다고 한다. 세이지를 우린 물은 비듬 치료에 좋고 에센셜오일은 정신을 맑게 한다.

커먼타임 Common Thyme

꿀풀과 늘푸른떨기나무 10~30cm

높은 살균 소독작용으로 전염병을 예방한다고 알려져 유럽에서는 교회처럼 사람들이 많이 모이는 곳에 심었다. 대표적인 요리용 허브로 상큼한 향기와 쌉싸래한 맛이 다양한 식재료와 궁합이 좋아 특히 조림 요리에 빠지지 않는다. 방부 효과가 있어서 상하기 쉬운 다진 고기 요리에도 자주 이용된다. 신선한 타임은 줄기째로 쓰고, 말려서 보관하면 1년 내내 사용할 수 있다. 기관지염과 기침에 효과가 좋아 목이 아플 때나 감기 초기 증상이 있을 때 차로 만들어 목을 헹구면 좋다.

당아욱 Common Mallow

아욱과 여러해살이 40~100cm

한번 성장하면 떨어진 씨앗에서 싹이 자연 발화하기 때문에 초여름 옅은 보라색 꽃이 피기 시작하면 한 달 내내 수확할 수 있다. 말린 꽃은 허브차로 만들어 마신다. 꽃을 물에 넣으면 물빛이 파랗게 되지만 산성인 레몬즙을 넣으면 분홍색으로 변한다. 바닷가 근처에서 자라 식물 자체가 알칼리성을 띠기 때문이다. 색의 변화가 효능에는 영향이 없지만 보는 즐거움이 더해진다. 목이 아플 때나 기침에 효과가 좋은데, 빛에 노출되면 색이 바래기 때문에 빛을 차단할 수 있는 용기에 보관한다.

고수 Coriander
미나리과 한해살이 30~50cm

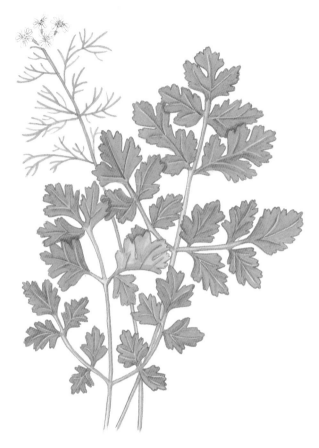

영어로 코리앤더, 중국어로 샹차이, 태국어로 파쿠치라고 불리
며 아시아 요리에 빠지지 않고 들어가는 허브이다. 잎에 독특하
고 강한 향이 있어 사람마다 호불호가 나뉘며 싫어하는 사람은
입에도 대지 못할 정도라고 한다. 고대부터 약용이나 조미료로
이용해왔으며 씨앗은 카레 가루를 만드는 데 없어서는 안 될 향
신료이다. 카레 외에도 마리네marine, 리큐어liqueur 등에 사용한
다. 잎과 달리 꽃에서는 감귤류의 상큼한 향이 나고 씨앗은 달
면서도 살짝 매운맛이 돈다.

서양오이풀 Salad Burnet

장미과 여러해살이 50~60cm

긴 줄기에 톱니처럼 생긴 작은 잎을 가득 달고 있다. 상쾌한 수
박향 또는 오이향이 나기 때문에 서양오이풀이라고 불리며, 채
식주의자들의 허브로 소개되기도 한다. 어린잎은 생으로 섭취
할 수 있는데 추위에 강해 1년 내내 재배가 가능하므로 언제든
먹을 수 있다. 피부를 보호하고 염증을 억제하는 효과가 있으며
지혈작용이 탁월하여 약초로도 사랑받아왔다. 초여름에 동그
란 공 모양으로 피는 앙증맞은 빨간 꽃은 관상용 꽃꽂이나 드
라이플라워로도 이용된다.

초피 Sichuan Pepper

운향과 갈잎떨기나무 150~400cm

초피나무는 산초나무와는 분류상 다른 나무지만 흔히들 혼동
하여 쓴다. 열매를 덖어서 말린 후 가루로 만들어 쓰며, 특히 장
어구이에 빠질 수 없는 향신료다. 초피는 찬 기운을 물리치고
통증을 완화하며 배 속을 데워준다. 일본에서는 향신료 외에도
식용으로 사용한다. 어린잎은 생선회를 싸 먹거나, 생선전 위에
올리기도 하고, 꽃봉오리를 요리에 활용하기도 한다. 중국 쓰촨
지방이 원산지인 초피는 고추나 후추와는 또 다른 특성으로 얼
얼한 맛, 즉 '마麻'한 맛을 낸다.

소엽 Shiso

꿀풀과 한해살이 50~100cm

시소 또는 차조기라고도 불리며 잎이 녹색인 청소엽과 적색인 자소엽으로 나눌 수 있다. 향이 상큼하고 식중독 예방에 탁월한 효능이 있어 양념으로 자주 이용된다. 한자로는 '자소紫蘇'라고 쓰는데 이는 중국의 삼국 시대, 식중독으로 죽어가는 소년에게 이 잎을 달여 마시게 했더니 살아났다는 일화에서 따온 것이다. 소엽꽃은 비타민과 철분이 풍부하며 방부작용을 한다. 또한 자소엽에는 안토시아닌 성분의 색소가 함유되어 있어 일본에서는 매실장아찌의 붉은색을 낼 때 이용한다.

저먼캐모마일 German Chamomile

국화과 한해살이 20~60cm

서양국화로도 알려진 캐모마일은 크게 저먼과 로먼으로 구분된
다. 저먼은 여러해살이인 로먼과 달리 추운 겨울을 나지 못하지
만 꽃이 지면 볼록 솟아난 노란 관상화에서 수만 개의 씨앗을
퍼트린다. 두 캐모마일은 꽃 모양과 향 그리고 맛에서도 차이를
보인다. 특히 저먼캐모마일은 다른 품종에 비해 쓴맛이 적어 식
용으로 쓰이고, 진통 및 살균 효과가 있어 유럽에서는 민간 진
통제로도 사용되었다. 또한 미용 효과가 뛰어나고 민감한 피부
에도 자극이 적어 에센셜오일의 원료로 사랑받는 허브다.

재스민 Jasmine

물푸레나무과 늘푸른덩굴떨기나무 100~300cm

여름부터 가을까지 작은 꽃을 피우는데, 해가 진 뒤부터 개화를 시작해 한밤중에 만개한다. 재스민꽃은 우아하고 달콤한 향기를 지니고 있어 향수의 원료로 오래 사랑받아왔다. 꽃 1톤에서 추출되는 에센셜오일의 양이 1킬로그램밖에 되지 않아 무척 비싸기 때문에 향기의 왕이라 불린다. 200여 품종이 있으며 향수 이외에도 식용, 약용으로 널리 이용된다. 재스민차는 녹차에 아라비아 재스민의 향을 입힌 향차로 마음을 진정시키는 효과가 있어 잠들기 어려울 때 마시면 좋다고 한다.

생강 Ginger

생강과 여러해살이 50~100cm

생강은 다양한 요리에서 대활약하는 만능 향신 채소이며 약용으로도 효능을 발휘한다. 몸을 따뜻하게 하는 성질이 있어 예로부터 감기약, 오한 치료제로 이용되어 왔고, 식중독으로 인한 복통과 설사에도 효과가 있다. 생것도 약효가 있지만 쪄서 말리면 그 효과가 더욱 커진다. 해가 잘 들고 물이 잘 빠지는 비옥한 땅을 좋아하기 때문에 밭에서 키우기를 권하지만 화분 재배도 가능하다. 다만 추위에 약해서 가을에 수확해 두었다가 봄에 다시 심으면 한 달 뒤에 싹을 틔운다.

스위트바이올렛 Sweet Violet

제비꽃과 여러해살이 10~15cm

초봄에 꽃을 피워서 봄을 알리는 허브로 여겨진다. 이름에는 남보라색을 뜻하는 바이올렛이 쓰였지만 실제 꽃은 진보라, 분홍, 하양 등 다채로운 색을 띤다. 달콤하고 매혹적인 향을 가지고 있어 향기제비꽃으로도 불리는 이 식물은 셰익스피어의 희곡「한여름 밤의 꿈」에서 사랑의 묘약을 만드는 원료로 등장한다. 향수나 화장품 원료 외에도 샐러드에 넣거나 설탕에 절여 디저트 장식으로 이용하며 식초나 리큐어의 향을 내는 데에도 두루 활용한다. 잎으로 만든 차는 감기나 기관지염에 좋다.

스위트바질 Sweet Basil

꿀풀과 한해살이 50~90cm

고대 그리스어로 작은 왕을 의미하는 바실리스크basilisk에서 유래한 바질은 허브의 왕으로 불린다. 인도에서는 신에게 바치는 신성한 향초로 숭배해왔다. 반질거리는 녹색 잎은 높은 살균작용과 마음이 편해지는 짙은 향을 품고 있다. 이 향기를 맡으면 두통이나 현기증이 완화된다고 하여 고대 유럽에서는 바질 잎을 잘 말려 상비약으로 사용했다. 이탈리아에서는 바질리코ba-silico라고 부르며 주로 치즈나 토마토와 함께 사용하고, 고기, 달걀, 채소, 생선 등 다양한 식재료에 곁들인다.

스위트마조람 Sweet Marjoram

꿀풀과 여러해살이 30～50cm

고대 그리스 때부터 재배한 오래된 허브이다. 행복과 미식의 상
징으로 여겨져, 이것으로 만든 화관을 결혼하는 부부의 머리에
올려 행복을 기원하는 풍습이 있었다. 섬세하고 달콤한 향으로
요리의 잡내를 없애고 풍미를 더하는 데 쓰인다. 말린 잎은 고
기 요리나 조림에 쓰고 꽃과 잎은 샐러드에 넣는데, 잎을 따는
순간부터 단맛이 줄어들기 때문에 부엌 화분에서 키우며 사용
하는 것이 좋다. 겉모습이 오레가노와 비슷해서 구분하기 쉽지
않은데, 상대적으로 마조람이 더 순하고 달콤하다.

스테비아 Stevia

국화과 여러해살이 60~90cm

단순한 모양의 잎과 꽃을 가지고 있어 외견상 큰 특징은 없으나 잎과 줄기에서 강한 단맛이 난다. 특히 잎에서는 설탕의 약 300배가 넘는 단맛을 느낄 수 있다. 이 특성을 살려 당뇨 환자들을 위한 저칼로리 감미료의 원료로 이용된다. 물에 잘 녹는 성질이 있어 잎을 따서 홍차나 디저트에 넣거나 요리의 단맛을 내는 데도 간편하게 사용할 수 있다. 원산지인 남미에서는 오래전부터 마테차의 감미료로 이용했다. 서리가 내리면 잎이 말라버리는 등 추위에 약하기 때문에 겨울에 키우는 건 어렵다.

센티드제라늄 Scented Geranium

쥐손이풀과 늘푸른떨기나무 50~120cm

센티드는 '향기가 난다'라는 뜻으로 센티드제라늄은 유럽에서 화장품과 향수 원료로 많이 재배해왔다. 애플, 파인애플, 로즈, 진저, 레몬 등 다양한 향기를 지닌 제라늄 품종이 개발되었고, 각각의 향을 닮은 꽃이나 열매, 향신료 등에서 이름을 따 붙였다. 향뿐만 아니라 모양과 색깔이 다양한 제라늄이 현재 200여 종류가 넘게 존재한다. 대표적인 품종인 로즈제라늄은 향수는 물론 음료수나 잼, 쿠키의 향을 내는 데 이용되며, 미용 효과가 높은 에센셜오일은 두피마사지나 입욕제로도 사용한다.

비누풀 Soapwort

석죽과 여러해살이 40~90cm

곧게 뻗은 줄기에 반질거리는 단아한 잎을 달고 있다. 여름이면 달콤한 향의 잎과 옅은 분홍색을 띤 청초한 모습의 꽃을 피운다. 잎을 손으로 문지르면 비누처럼 미끈거리는 액체가 나와서 오래전부터 원산지인 유럽에서는 비누나 샴푸 그리고 세제로 썼다고 한다. 이런 유래로 거품장구채, 영어로는 소프워트라고 불린다. 특히 잎, 줄기, 뿌리를 삶은 물은 천을 상하게 하지 않으며 색상을 선명하게 만들기 때문에 지금도 박물관에서 보관하는 귀중하고 오래된 직물을 세정하는 데 쓰인다.

서양민들레 Dandelion

국화과 여러해살이 10~30cm

한국, 중국, 일본에 자생하는 토종 민들레와 다른 품종으로 단델리온이라고도 불린다. 상대적으로 씨앗이 작고 번식력이 뛰어나 봄부터 초여름까지 흔히 만날 수 있으며, 특히 도심에서 노란 꽃을 볼 수 있다. 봄에 나오는 부드러운 어린잎은 샐러드나 튀김, 무침으로 먹는다. 프랑스에서는 봄의 시작을 알리는 채소로 시장에서 팔린다. 뿌리를 말려서 차로 마시거나 커피처럼 배전하여 민들레커피를 만들어 마실 수 있다. 탁월한 이뇨작용 때문에 프랑스에서는 오줌싸개라는 별명으로 불리기도 한다.

처빌 Chervil

미나리과 한해살이 30~60cm

프랑스어로는 셀피유cerfeuil라고 불리며 재료의 맛을 돋우는 허브로 잘 알려져 있다. 감미로운 향과 깔끔한 뒷맛으로 여러 재료와 잘 어울린다. 파슬리보다 달면서 후추와 감초의 섬세한 향미까지 가지고 있어 이른바 미식가들의 파슬리로도 불린다. 열에 약하므로 가열 조리하지 않고 생으로 곁들이거나 조리할 때 제일 마지막에 넣는 것이 좋다. 비타민, 미네랄이 풍부하고 발한 작용을 하여 몸에 열이 날 때 먹으면 해열 효과도 있다. 직사광선에는 약하기 때문에 반그늘에서 기른다.

차이브 Chives

백합과 여러해살이 20~30cm

파의 일종으로 산파와 비슷하지만 좀 더 가늘고 작으며 파 특유의 냄새가 적다. 원산지 가운데 하나인 일본에서는 홋카이도 파로 부르며 양념이나 고명으로 사용한다. 치즈나 달걀을 비롯해 여러 요리와 잘 맞는다. 꽃에도 향이 풍부해 샐러드나 식초를 만들 때 이용한다. 다만, 꽃이 피기 시작하면 잎이 질겨지고 맛도 떨어지기 때문에 잎을 사용하기 위해서는 미리 꽃망울을 따주는 것이 좋다. 칼슘과 카로틴이 풍부해 감기나 위장 장애에 잘 듣고 몸을 따뜻하게 해준다.

딜 Dill

미나리과 한해살이 60~100cm

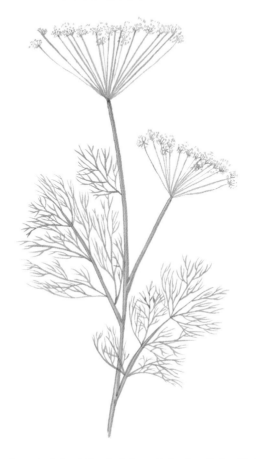

작고 노란 꽃송이가 가득 달린다고 해서 옐로레이스플라워yel-
low lace flower라고 불리며 꽃꽂이에 많이 이용한다. 고대 노르웨
이어의 '달래다'라는 말에서 유래한 이 허브는 실제로 한밤중
우는 아이를 진정시키는 효과가 있다. 씨앗을 차로 우려 마시면
모유가 잘 나와서 아이와 엄마에게 모두 좋다고 한다. 상큼한
향미가 생선과 잘 어울려 생선의 허브라고도 불리며, 특히 북미
에서는 딜을 생선 안에 넣어 찌거나 구워먹는 것을 즐긴다. 해
산물 요리, 샐러드 등에 많이 쓰인다.

어성초 Fishmint

삼백초과 여러해살이 20~50cm

생선 비린내와 흡사한 독특한 냄새를 풍겨 영문명도 피쉬민트이
다. 생명력이 강해 아무리 뽑아도 다시 자라나 귀찮아하는 이들
도 있지만 쓰임새가 많다. 특히 노폐물과 독소를 체외로 배출하
는 효능이 탁월해 잎을 빻아 땀띠, 습진, 상처, 화상 등에 붙이
면 좋다. 보통 줄기와 잎을 말린 것을 뜨거운 물에 우려내 사용
하는데, 특유의 향 때문에 단독으로는 먹기 어렵지만 호지차와
함께 마시면 거부감이 적다. 꽃이 피면 효능이 꽃으로 옮겨가서
봉오리가 피면 바로 수확한다.

한련화 Nasturtium

한련과 한해살이 20~60cm

수직으로 자라는 품종과 옆으로 뻗는 덩굴성 품종이 있는데,
덩굴성은 2미터 넘게 자라기도 한다. 스페인 함대가 원산지인
페루에서 유럽으로 전파했다. 뭍에서 자라는 연꽃이라 해서 한
련화旱蓮花, 여러 색의 꽃 중에 노란 계열의 꽃 색상이 아름다워
금련화라고도 불린다. 잎과 꽃에는 고추냉이처럼 톡 쏘는 매운
맛이 있어 생으로 먹어도 좋지만 말려서 가루로 만들면 요리
양념으로 사용할 수 있다. 철분과 비타민C가 풍부해 피를 맑게
해주며 빈혈에도 효과가 좋다고 한다.

피버퓨 Feverfew

국화과 여러해살이 30~80cm

국화의 일종으로 여름에 청초한 하얀 꽃이 많이 피어서 여름 국화라고도 불리며 원예종으로 인기가 많다. 장미 옆에 심으면 진딧물이 꼬이는 것을 막아줄 정도로 잎에서 짙은 향이 난다. 벌도 가까이 오지 못할 정도로 방충 효과가 뛰어나기 때문에 곤충의 수분이 필요한 식물 주위에는 심지 않는 것이 좋다. 생잎을 찧어서 바르면 벌레 물린 데도 잘 듣는다. 예로부터 편두통이나 관절염을 개선하는 효과가 있어 약초로 사랑받아왔으며, 특히 생리통을 줄여주는 등 여성 질환에 좋다.

펜넬 Fennel

미나리과 여러해살이 100~200cm

곧게 뻗은 줄기에 실처럼 가는 잎이 가득 달린 모습이 섬세하고 아름다운 허브로 회향이란 이름으로도 불린다. 잎에서 나는 달콤한 풍미가 해충을 퇴치하고 익충을 끌어들인다. 번식력이 왕성하고 높이 자라므로 집에서 키우려면 큰 화분을 선택하는 것이 좋다. 여러 품종이 있지만 가장 많이 사용되는 건 그림 속의 플로렌스펜넬이다. 파피루스에 기록되었을 정도로 오래전부터 널리 사용되었다. 특히 잎을 잘게 썰어 차로 마시면 노폐물을 배출하고 식욕을 억제시켜준다.

프렌치타라곤 French Tarragon

국화과 여러해살이 50~80cm

'작은 용'을 뜻하는 에스트라곤estragon이라는 프랑스어에서 유래했는데, 상상 속 용의 송곳니와 잎이 닮아 붙여진 이름이다. 풋내와 단내가 함께 나며 톡 쏘는 향을 지니고 있다. 프랑스 요리에 빠질 수 없는 허브로 소스를 만드는 데 많이 쓰이며, 말리면 풍미가 약해지므로 생으로 쓰는 것이 좋다. 러시안타라곤도 있지만 향이 약해 요리에는 적합하지 않다. 건조한 곳을 좋아하고 추위에 강한 반면 고온다습한 기후에 약하기 때문에 장마철에는 재배에 세심한 주의가 필요하다.

포트마리골드 Pot Marigold

국화과 한해살이 30~60cm

마리골드는 종에 따라 색과 모양이 다양한데, '비탄', '이별의 아쉬움' 같은 꽃말 때문인지 성묘용 꽃으로 많이 쓰인다. 다양한 피부병을 치료할 정도로 피부 건강에 효과가 탁월해서 꽃잎에 뜨거운 물을 부어 만든 농축액은 화장수, 입욕제, 비누 등에 폭넓게 이용된다. 샐러드로 먹을 수도 있고, 차로 마시면 은근한 단맛과 함께 아름다운 오렌지 빛깔을 즐길 수 있다. 추위에 강하고 한 달에 걸쳐 꽃이 피어 있다고 하여 캘린더의 어원인 카렌듈라calendula라는 이름으로도 불린다.

보리지 Borage
지치과 한해살이 30~100cm

봄에서 초여름에 걸쳐 아름다운 별 모양의 남보라빛 꽃이 핀다고 하여 스타플라워라고도 불린다. 과자를 화려하게 장식하는 사탕이나 캐러멜의 색을 더하는 데 사용되며 화이트와인에 띄우면 보라색 꽃이 핑크빛으로 변하는 모습을 즐길 수 있다. 꽃으로 만든 시럽은 기침약으로 이용되고, 잎은 미용 효과가 높아 입욕제로 활용된다. 특히 보리지 꽃은 우울증에 좋다고 알려져 있다. 잎과 줄기는 털이 감싸고 있고 오이향이 나며 어린잎은 샐러드로 이용한다. 독성이 없어 산모가 먹어도 좋다.

미츠바 Mitsuba

미나리과 여러해살이 30~60cm

세 갈래(미츠みつ) 잎(하は)을 가졌다 해서 미츠바みつば라고 부른
다. 일본 각지에서 자생하며 에도 시대부터 식용으로 재배되었
다. 신진대사를 높여주고 피부에 윤기를 주거나 소화 촉진, 식
욕 증진에도 효과가 있다. 봄에 난 어린잎은 야채로, 여름에 채
취한 잎은 말려서 약재로 쓰며, 재배 방법에 따라 세 종류로 구
분하여 수확하고 유통시킨다. 줄기가 가늘고 녹색인 이토미츠
바, 줄기가 흰색인 키리미츠바(파드득나물), 뿌리도 먹을 수 있고
볶아 먹으면 맛있는 네미츠바가 그것이다.

양하 Myoga

생강과 여러해살이 50~100cm

일본어로 묘가라고 불리는 이 허브는 여름에서 가을에 걸쳐 올라오는 꽃이삭을 식용으로 사용한다. 독특한 향에 식감이 좋아 생으로도 먹는다. 개화 전 맺혀 있는 봉오리를 먹기 때문에 꽃묘가라고도 한다. 특유의 톡 쏘는 매운맛은 식욕 증진, 소화 촉진 효과가 있기 때문에 식욕이 떨어지는 여름철이면 국수나 두부 양념을 비롯해 다양한 요리에 두루 쓰인다. 혈액 순환을 돕는 작용을 하는 잎은 입욕제로 사용된다. 그늘지고 습한 곳을 좋아하며 특별히 돌보지 않아도 매년 싹을 틔운다.

민트 Mint

꿀풀과 여러해살이 30~100cm

잎에 강한 청량감을 지닌, 우리에겐 박하라는 이름으로 더 친숙한 허브이다. 애플, 진저, 그레이프프루트, 파인애플 등 종류별로 다양한 향을 지니고 있다. 대표적인 품종은 유럽이 원산지인 페퍼민트로, 살균작용을 갖고 있으며 과민성 장증후군과 위산과다증 등에 효과가 있다. 하지만 자극이 좀 강한 편이라 차나 디저트의 장식으로 사용하는 것이 좋다. 요리에는 적당한 청량감을 지닌 스피어민트를 추천한다. 민트 가운데 일본 박하는 멘톨 성분이 강해 한방약으로 많이 이용된다.

야로우 Yarrow

국화과 여러해살이 50~100cm

잎 가장자리가 톱니처럼 촘촘하게 여러 갈래로 갈라져 있어 서
양톱풀이라고 불리며, '천 개의 잎'을 의미하는 밀푀유라고도
불린다. 학명인 아킬레스는 그리스 신화의 영웅 아킬레스가 이
허브로 병사의 상처를 고쳐주었다는 전설에서 유래했는데, 실
제로도 지혈 효과가 있다. 더위, 추위, 해충에 강하고 익충을 불
러들여 번식력도 좋은데다가 주위 식물들의 병까지 고치는 힘
이 있다. 청초한 꽃이 오랫동안 많이 피기 때문에 꽃꽂이나 드
라이플라워 용도로 사랑받는다.

쑥 Mugwort

국화과 여러해살이 50~100cm

쑥은 식용 이외에도 생활에서 다양하게 쓰인다. 뜸을 뜰 때 사
용하거나 덖어서 차로 마시기도 한다. 주로 초봄에 나는 어린잎
을 식용으로 쓰는데 데쳐서 냉동 보관하면 1년 내내 먹을 수 있
다. 튀기거나 무치거나 살짝 데치는 등 다양한 조리법으로 먹어
도 맛있다. 잎이 다 자라면 식용으로는 적합하지 않아 입욕제나
화장수로 이용한다. 거친 피부, 냉증, 빈혈 개선 등 여성에게 좋
은 효능이 많지만, 임산부는 피하는 것이 좋다. 또한, 장기 복용
이나 과다 복용 역시 좋지 않다.

라벤더 Lavender

꿀풀과 늘푸른떨기나무 20~130cm

향료 외에도 음용, 약용, 미용 등에 폭넓게 이용되고 있다. 심신 안정과 숙면에 효과가 높아 아로마테라피에서 가장 많이 이용하는 허브 가운데 하나이다. 건조한 지중해가 원산지로 일본에서는 습도가 낮은 홋카이도가 산지로 유명하다. 화분에서 키울 때는 물 빠짐이 잘 되는 흙을 넣어주면 좋다. 많은 종류가 있으나 향과 효능이 높은 잉글리쉬라벤더, 프렌치라벤더가 대표 품종이다. 수확하는 위치와 시간에 따라 향이 달라지므로 같은 산지에서도 다양한 향을 즐길 수 있다.

루바브 Rhubarb

마디풀과 여러해살이 80~100cm

무성한 푸른 잎과 뿌리에서 올라온 굵고 붉은 잎자루의 대비가
아름답다. 2미터까지 성장하는 일도 있기 때문에 밭에서 재배
하는 것이 적합하나 플랜터에서도 재배가 가능하다. 우리에게
는 조금 낯선 허브지만 유럽에서는 인기 채소로 새콤달콤한 잎
자루 부분을 잼이나 디저트로 활용해서 먹는다. 칼로리가 낮고
칼슘과 섬유질이 풍부해 피부 미용, 변비 개선 등에 효과가 좋
다. 하지만 잎은 옥살산을 포함하고 있기 때문에 식용으로는 적
합하지 않아 주로 염료로 쓴다.

레몬그라스 Lemongrass

벼과 여러해살이 50~150cm

억새와 비슷하게 생긴 잎에서 레몬향이 나며 주로 동남아시아의 전통 요리를 만들 때 많이 사용한다. 특히 태국 요리인 똠양꿍에 빠뜨릴 수 없는 허브로 이 요리의 독특한 풍미가 바로 레몬그라스에서 나온다. 실제 감귤류의 향은 금방 날아가 버리기 때문에 우리가 가공식품에서 접하는 레몬향은 대부분 레몬그라스를 활용하는 경우가 많다. 레몬보다 더 레몬 같은 향이 마음을 진정시켜주며, 건조시켜도 달고 상쾌한 향을 즐길 수 있다. 에센셜오일은 벌레퇴치용으로도 사용된다.

레몬버베나 Lemon Verbena

마편초과 갈잎떨기나무 60~150cm

가는 모양의 녹색 잎에서 레몬과 비슷한 상큼한 향을 느낄 수 있지만 신맛은 나지 않는다. 유럽에서는 과일 및 해산물 요리에 많이 사용해왔는데 최근에는 차로도 많이 즐긴다고 한다. 비염, 천식, 감기 증상에 좋고 소화기 증상과 피부 질환에도 효과적이다. 차로 마시지 않고 잎을 따서 그대로 물에 담가만 놓아도 레몬향을 즐길 수 있다. 여름에 가지 끝에서 하얀색 작은 꽃이 피어나는데 특히 개화하는 중에 잎의 향기가 더욱 진해진다. 그래서 이 기간에 잎을 채취해 건조시키면 좋다.

레몬밤 Lemon Balm

꿀풀과 여러해살이 50~70cm

꿀벌이 이 허브의 꽃을 좋아한다고 해서 유럽 중세 시대에는 꿀을 채취하기 위해 길렀다. 그리스 신화에서 꿀의 사용법을 발견했다는 요정의 이름인 멜리사melissa로 불리기도 한다. 진정 효과 및 두뇌를 활성화시키는 효과가 있고 감기나 두통에도 잘 들어서 장수의 허브, 회춘의 허브로 여겨진다. 샐러드나 육류 및 생선 요리 시 맛을 내는 데도 쓰인다. 꽃이 피면 잎이 질겨지기 때문에 개화 전에 수확하고, 말리면 향이 사라지므로 생것을 쓰거나 냉동 보관해 사용하는 것이 좋다.

장미 Rose

장미과 덩굴성떨기나무 50~150cm 덩굴 길이 300~500cm

많은 이들에게 사랑받는 대표적인 식물로 로마 사람들은 장미 꽃
잎을 입욕제로 쓰거나 요리와 미용에 이용했다. 보통은 작게 자라
지만 덩굴을 이루기도 한다. 품종은 2만 종 이상으로 매우 다양
하다. 허브로 이용 가치가 높은 것은 오래전부터 재배해온 올드
로즈를 비롯해 겔리카gallica rose, 다마스크damask rose, 해당화ra-
manas rose, 개장미dog rose와 같은 품종들이다. 약용으로 널리 이
용되는 이런 품종들 가운데서도 특히 해당화와 개장미의 열매
(로즈힙)는 비타민과 미네랄이 풍부해 미용 효과가 높다.

로즈메리 Rosemary

꿀풀과 늘푸른떨기나무 40~150cm

나쁜 것으로부터 사람을 지켜주는 신비스러운 힘이 있다고 전해져 오래전부터 교회 안뜰에 많이 심었다고 한다. 짙은 향기를 지니고 있으며 항산화 성분이 많아 세포를 건강하게 만들고 노화 방지에도 효과가 있다. 14세기 헝가리의 왕비 엘리자베스가 병으로 고생하던 중 로즈메리 화장수로 건강과 아름다움을 되찾아 한참 나이 어린 폴란드 왕자로부터 구혼을 받았다는 일화가 있다. 그 뒤로 로즈메리 화장수는 헝가리 왕비의 물, 혹은 회춘의 물이라는 별명이 붙게 되었다.

월계수 Laurel

녹나무과 늘푸른큰키나무 200~1,200cm

월계수는 고대 그리스 시대 영웅의 상징으로 쓰였으며 전투의
승자는 이것으로 만든 관을 받았다. 그 전통이 현대에도 이어져
올림픽 마라톤 대회의 우승자에게 월계관을 수여한다. 큰 나무
는 10미터 이상 성장하지만 정기적으로 다듬어주면 화분에서
도 키울 수 있다. 잎에는 독특한 향이 있어 고기 요리의 잡내를
잡거나 수프, 스튜 등의 요리에서 향신료로 많이 쓰인다. 나무
에서 잎을 딴 직후에는 조금 풋내가 나지만 건조시키면 향이 더
욱 좋아진다. 열매에는 에센셜오일이 풍부하다.

루꼴라 Roket

십자화과 한해살이 60~100cm

이탈리아 요리에 빠질 수 없는 허브로 고대 그리스 시대부터 식용으로 재배되어 왔으며, 정원이나 화분에서 가리지 않고 잘 자란다. 톡 쏘는 매운 맛과 쌉싸래한 맛에 더해 깨처럼 고소한 풍미도 있다. 봄에서 초여름에 걸쳐 연노란 꽃잎에 보라색 줄이 있는 십자 모양의 꽃을 피우는데, 잎과 마찬가지로 꽃에서도 깨와 비슷한 향이 난다. 꽃이 피기 전 부드러운 잎을 샐러드로 많이 먹는다. 미용 효과가 높아 클레오파트라가 아름다움을 유지하기 위해 먹었다고 전해진다.

와일드스트로베리 Wild Strawberry

장미과 여러해살이 20~30cm

현재 우리가 먹는 딸기의 원조인 네덜란드 딸기가 개발되기 전
에는 이 산딸기를 식용으로 재배했다. 흔히 야생 딸기로 알려진
뱀딸기와는 또 다른 종류로, 유럽에서는 운과 애정을 가져다준
다고 믿어 행운의 식물로 여겨진다. 작지만 단맛이 강한 열매는
잼이나 과자, 리큐어 등 식용으로 사용하는 것은 물론이고, 기
미나 주근깨를 없애는 데 효과가 있어 미용 팩으로도 이용하며,
치아 미백에도 좋다고 알려져 있다. 잎과 뿌리는 설사 치료제로
쓰이고 줄기는 상처를 낫게 하는 데 사용한다.

허브 이야기

싱그러운 바람이 불어오는 새 보금자리로 이사했다.
고양이는 아침부터 햇살 가득한 베란다에서
느긋하게 기지개를 켠다.

부드러운 햇살이 내려오는 너비가 적당한 베란다에서
뭐라도 키워볼까.

이왕이면 먹을 수 있는 것이 좋겠지만
텃밭까지는 좀 어렵겠지?

맞아, 언젠가 친구 집에서 마신 허브차!
베란다 화분에서 키운 민트를 우려냈다고 했지.
민트는 벌레퇴치용으로도 좋다고 했어.

그래, 두루 이용할 수 있는 허브를 키워보자.
그런데, 허브가 뭐지?

허브라는 말을 자주 듣긴 하지만
막상 찾아보면 그 종류가 너무 다양하고 많다.
라틴어로 약초를 의미하는 에르바Herba가 어원이라고 하니
한마디로 생활에 도움이 되는 식물을 뜻하나 보다.

따뜻하고 건조한 지중해 연안이 원산지인 것이 많고,
고대 이집트 시대부터 식용, 약용, 미용에 두루 이용되었다고 한다.
잎과 꽃, 줄기와 뿌리만이 아니라 껍질에 그 효능이 있는
허브도 있다.

허브는 사람들의 일상을 풍요롭게 해준다.
요리에 쓰면 깊은 맛이 느껴지고, 미용에 쓰면 아름다워진다.

그리고 몸과 마음을 건강하게 해준다.

우리에게 행복을 가져다주는 식물, 그게 허브인가 보다.

허브는 몸과 마음에 두루 효과가 있다.

◎ 감기에 걸렸을 때
아니스, 커먼세이지, 커먼타임, 당아욱, 저먼캐모마일, 생강,
스위트바이올렛, 차이브, 포트마리골드, 민트, 야로우, 레몬버베나,
레몬밤, 로즈메리.

◎ 목이 아플 때
오레가노, 커먼타임, 당아욱, 소엽, 저먼캐모마일.

◎ 꽃가루 알레르기에
커먼타임, 당아욱, 저먼캐모마일, 피버퓨, 민트, 라벤더,
레몬밤, 장미, 로즈메리.

◎ 위가 좋지 않을 때
아니스, 오레가노, 캐러웨이, 커먼세이지, 커먼타임,
고수, 저먼캐모마일, 생강, 스위트바질, 처빌, 차이브,
딜, 펜넬, 프렌치타라곤, 포트마리골드, 민트,
레몬그라스, 루꼴라.

◎ 식욕이 없을 때
아니스, 커리플랜트, 커먼세이지, 커먼타임,
고수, 초피, 소엽, 양하, 스위트바질, 스위트마조람,
서양민들레, 차이브, 한련화, 민트, 야로우, 레몬그라스,
레몬밤, 루꼴라.

◎ 마음이 편안해지고 싶을 때
오레가노, 커먼세이지, 저먼캐모마일, 재스민, 스위트바이올렛,
스위트바질, 딜, 민트, 라벤더, 레몬밤, 장미.

◎ 피곤할 때
커먼세이지, 스위트마조람, 피버퓨, 민트, 라벤더,
로즈힙, 로즈메리.

◎ 숙취 해소에
커먼타임, 저먼캐모마일, 스위트바이올렛,
서양민들레, 펜넬, 민트, 장미.

◎ 상처나 화상에
오레가노, 커먼세이지, 커먼타임, 서양오이풀,
포트마리골드, 민트, 야로우, 라벤더, 로즈메리.

◎ 벌레를 피하고 싶을 때
커먼세이지, 커먼타임, 저먼캐모마일,
스위트바질, 피버퓨, 포트마리골드, 라벤더,
레몬그라스, 로즈메리.

◎ 빈혈에

커먼타임, 소엽, 저먼캐모마일, 처빌, 차이브, 한련화, 포트마리골드,
민트, 쑥, 레몬그라스, 와일드스트로베리.

◎ 피부 미용에

커먼세이지, 당아욱, 저먼캐모마일, 서양민들레, 포트마리골드,
미츠바, 야로우, 레몬밤, 장미, 로즈메리, 와일드스트로베리.

◎ 다이어트에

커먼세이지, 재스민, 소엽, 생강, 스테비아, 서양민들레, 어성초,
펜넬, 민트. 레몬그라스, 로즈메리, 와일드스트로베리.

◎ 생리통과 생리불순에

커먼세이지, 저먼캐모마일, 스위트마조람, 피버퓨, 펜넬,
포트마리골드, 야로우, 레몬밤, 로즈힙.
※임신 중에는 사용을 피할 것.

◎ 붓기 제거에

이탈리안파슬리, 커먼세이지, 당아욱, 저먼캐모마일,
스위트바이올렛, 스위트마조람, 서양민들레, 어성초, 펜넬,
보리지, 민트, 라벤더.

◎ 잠이 오지 않을 때
캐트닙, 커먼세이지, 커먼타임, 저먼캐모마일, 재스민,
스위트바이올렛, 스위트바질, 딜, 민트, 라벤더, 레몬밤, 장미.

◎ 마음이 지쳤을 때
저먼캐모마일, 재스민, 스위트바질, 센티드제라늄, 민트,
라벤더, 레몬밤, 로즈메리.

◎ 혈액 순환에
커먼세이지, 생강, 스위트바이올렛, 서양민들레, 펜넬,
민트, 로즈메리, 와일드스트로베리.

◎ 변비에
아니스, 당아욱, 저먼캐모마일, 서양민들레, 어성초,
펜넬, 민트, 장미.

◎ 냉증에
커먼세이지, 소엽, 저먼캐모마일, 생강, 서양민들레,
어성초, 피버퓨, 야로우, 쑥, 로즈메리.

허브를 키워보자. 준비물은 아래를 참고하면 좋다.

모종이나 씨앗

허브용 흙

초보자는 허브 전용으로 배합된
흙을 이용하면 간편하다.

화분이나 플랜터

화분 망

모종삽

물뿌리개

다 자라거나 더 커지는 걸 생각해서 베란다나 정원 크기에 맞게
마음에 드는 것을 찾아보자.
좋아하는 허브를 선택하고 애착이 가는 도구를 갖추면
더욱 즐겁게 기를 수 있다.

씨앗부터 기르는 것도 좋지만 처음엔 간단한 모종으로
시작해보자.

◎ 모종심기

화분에 망을 깔고 바닥이 보이지
않을 때까지 흙을 깔아준다.

먼저 모종만 화분에 넣어본 뒤
흙이 얼마나 필요한지를 가늠해
본다. 기준은 화분 높이보다 모
종의 흙 표면이 수 센티미터 정도
아래 위치하게 심는 것이다. 모종
이 안정될 정도로 흙을 채우다가
알맞은 높이가 되면 모종 자리를
제대로 잡은 후 틈이 생기지 않
도록 흙을 더 채운다.

화분에서 물이 흘러나올 때까지
물을 흠뻑 뿌려준다. 반그늘에
3~4일 정도 두었다가 볕이 좋고
바람이 잘 통하는 곳으로 옮겨준
다. 흙 표면이 마르면 다시 물을
흠뻑 뿌려준다.

모종을 심어서는 잘 자라지 않는 것도 있다.
그런 허브는 씨앗부터 천천히 키운다.
파종에 좋은 계절은 봄과 가을인데, 특히 봄에 씨앗을 뿌리면
잘 자란다. 허브에게도 봄은 시작의 계절인가 보다.

◎ 씨앗부터 키우는 허브
아니스, 이탈리안파슬리, 수레국화, 고수, 소엽, 저먼캐모마일,
스위트바질, 처빌, 딜, 한련화, 펜넬, 포트마리골드, 보리지 등.

파종에는 세 가지 방법이 있다.

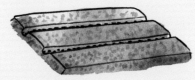

선파(줄뿌림)
흙에 얕은 고랑을 만들어 선을 따라 씨앗이 겹치지 않도록 고루 뿌린다.

산파(흩어뿌림)
두 겹으로 접은 종이에 씨앗을 일렬로 담아 겹치지 않도록 고루 뿌린다.

점파(점뿌림)
흙에 작은 구멍을 파서 서너 알씩 뿌린다.

싹이 나오면 모양이 좋은 건강한 싹을 남기고 솎아준다.
불쌍하다는 생각이 들지 모르지만 그대로 두면 서로가 양분을
빼앗아 잘 성장하지 못한다.
솎아주기는 잎 하나하나에 충분한 햇살과 통풍을
주기 위해서도 중요하다.
건강한 허브를 기르려면 마음을 단단히 하자.

◎ 솎는 방법

발아해서 떡잎이 나오면 잎이 겹쳐 있는 것, 잘 자라지 못한 것을 솎아내
모든 잎에 충분히 햇살이 닿을 수 있도록 한다. 작은 것은 핀셋을 사용하
면 쉽다.

본잎이 나오면 두 번째 솎기를 해준다. 다른 것보다 생육이 좋고 건강
한 것을 남긴다. 본잎이 5장 가량 나오면 세 번째 솎기를 해준다. 간격은
10cm 정도가 좋다. 어린잎으로 불리는 이 시기의 잎은 샐러드나 요리에
사용하기 좋다.

잘 자란 허브 줄기를 잘라 흙에 꽂는 꺾꽂이를 통해 더욱
간단히 개체수를 늘릴 수 있다.

◎ 꺾꽂이 방법

어린 줄기를 10cm 정도 잘라 물에 담가둔다.

밑에 난 잎은 정리해주고 줄기 아랫부분을 사선으로 잘라준다.

화분에 흙을 넣고 구멍을 파서 줄기를 꽂는다. 흙은 비료 성분이 없는 깨
끗한 것을 선택한다. 물을 흠뻑 준 뒤, 바람이 불지 않는 반그늘에 둔다.
흙이 마르지 않도록 주의한다. 2주 정도 뒤에 뿌리가 튼튼해지면 볕과 바
람이 좋은 곳으로 옮긴다. 완전히 자리를 잡으면 좀 더 큰 화분으로 분갈
이를 해준다.

허브는 볕이 좋고 바람이 잘 통하는 곳을 좋아한다. 그래서 물을 줄 때도 흙 표면이 하얗게 말랐을 때 화분 밑으로 물이 나올 정도로 흠뻑 뿌려주는 것이 좋다.

빨리 키우고 싶은 조급함에 매일 물을 주면 역효과가 나서 오히려 뿌리가 썩고 만다. 허브도 과보호는 좋지 않다.

개중에는 그늘을 좋아하고 추위나 비를 싫어하는 종류도 있어서 주의가 필요하다. 하지만 기본적으로 허브는 조금만 정성을 들이면 잘 자란다.

크고 건강하게 자라면 드디어 수확을 한다.
대개 꽃이 피기 직전 이른 아침에 수확한 것이 향기와
효능 면에서 좋다고 한다.

◎ 잎, 줄기 수확

가지를 뻗으며 마디에서 잎이 나오
는 것은 가지째 수확한다. 그러면 밑
에 있는 마디에서 새 잎이 자란다.
잎만 따면 새로운 가지가 잘 자라지
못한다.
＊커먼타임, 스위트바질, 민트, 레몬
밤, 로즈메리 등.

그루터기에서 싹이 나오는 것은 가
운데 부분에서 새싹이 나오기 때문
에 겉쪽에 난 잎의 가장 아랫부분을
잘라 수확한다.
＊이탈리안파슬리, 고수, 처빌, 차이
브, 펜넬, 레몬그라스, 루꼴라 등.

◎ 꽃 수확

꽃을 손으로 직접 따서 수확할 수도
있지만 꽃잎이 얇은 꽃이나 작은 꽃
은 원예가위를 사용한다. 꽃이 피자
마자 맑은 날 아침에 따면 좋다.

말려도 향이 변하지 않는 허브는 가장 향이 좋은 시기에 수확
해서 저장하면 1년 내내 즐길 수 있다.

◎ 건조 보관 방법

상한 잎을 제거한 뒤 가볍게 물
에 헹구고 물기를 턴 다음 바로
말린다. 소분해서 가지 끝을 묶
은 뒤 옷걸이 같은 것에 거꾸로
매달아 바람이 잘 통하는 그늘
에 둔다.

작은 것은 바구니나 신문지 위에
서 말린다. 헤어드라이어나 전자
레인지를 이용해 단시간에 말려
도 좋다.

바스러질 정도로 마르면 밀폐용기
에 건조제와 함께 넣어 보관한다.

말리면 향이 약해지는 것은 요리용 랩에 싸고 다시 밀폐용 비닐
봉지에 넣어 냉동 보관한다.

＊ 냉동 보관해야 할 허브
이탈리안파슬리, 오레가노, 프렌치타라곤, 민트, 레몬밤, 로즈메리 등.

허브의 가장 큰 매력은 맛있게 먹고 좋은 향을 즐기는
것만으로도 아름답고 건강해진다는 것이다.
지금부터는 직접 키운 허브로 나 자신을 가꿔보자.

◎ 허브차

따뜻하게 데운 찻주전자에 말린 허브를 티스푼 한가득 넣고 뜨거운 물
180ml를 붓는다. 뚜껑을 덮고 3~5분 정도면 완성된다. 생 허브를 쓸 때
는 말린 허브보다 3~10배 이상 입맛에 맞게 넣는다.

◎ 허브식초

허브를 깨끗하게 씻어 물기를 제거한 후 와인식초가 들어 있는 병에 넣
고 밀봉한다. 따뜻한 곳에 2~3주간 두고 가끔 흔들어준다. 허브를 걸러
내고 소독한 깨끗한 병에 옮겨 담는다.

◎ 피클

오이, 토마토, 오크라, 셀러리, 파프리카 등 좋아하는 채소를 깨끗이 씻어 씨를 제거한 후 먹기 좋은 크기로 자른다. 소금으로 가볍게 문지르고 15분간 방치해두면 물기가 빠진다.

피클 액에 아래 재료를 넣고 한 번 끓어오를 때까지 기다렸다가 불을 끄고 식힌다.

＊피클 액 재료 : 와인식초 200ml, 물 100ml, 화이트와인 100ml, 설탕 3T(큰 티스푼), 소금 ½t(작은 티스푼), 통후추 ½t, 고수 씨앗 1t, 붉은 고추(씨를 제거한 것) 1개, 월계수 1장.

끓는 물로 소독한 병에 채소를 넣고 피클 액을 부은 다음 딜 4장과 마늘 1쪽을 넣어준다. 냉장고에서 하루 보관하면 완성된다.

◎ 오믈렛

볼에 달걀 4개를 잘 풀어준다. 우유 2T을 넣고 소금과 후추를 뿌린 다음 핀제르브를 섞어준다.
＊핀제르브 : 처빌 2t, 차이브 1t, 이탈리안파슬리 1t, 프렌치타라곤 ½t을 잘게 다져서 섞은 것.

뜨겁게 달군 프라이팬에 버터 2T을 녹인 다음 풀어놓은 달걀물을 붓고 잘 저으며 익힌다. 반숙이 되기 직전에 젓기를 멈추고 겉이 살짝 노릇해지게 굽는다.

불을 끄고 모양을 잡은 뒤 접시에 담아 처빌을 곁들인다.

◎ 토마토소스

재료 : 오레가노(말린 것) 1t, 토마토 1캔, 양파 ½개, 마늘 1쪽, 올리브오일 2T, 소금 1t.

양파는 잘게 다지고 마늘은 으깨어 놓는다. 올리브오일에 마늘을 넣고 약한 불에서 향이 올라올 때까지 기다렸다가 양파를 넣고 투명해질 때까지 중간 불에서 타지 않도록 볶는다. 소금과 토마토 캔을 국물까지 넣고 나무주걱으로 으깨면서 섞어준다.

중불에서 10~15분 정도 가열하다 뭉근해지면 약한 불로 줄이고 오레가노를 넣는다. 소금으로 간을 하고 한소끔 끓어오르면 불을 끈다.

◎ 잼

말린 로즈힙 15g(꼭지와 씨를 제거한 것)을 잘게 다져 화이트와인에 1시간 정도 담가둔다. 사과 1개를 껍질을 벗겨 2~3mm폭으로 나박썰기 한다.

냄비에 사과와 백설탕 80g을 넣고 약한 불에서 서서히 조린다. 나무주걱으로 사과를 뭉개면서 레몬즙 2T과 화이트와인에 담가두었던 로즈힙을 넣고 뭉근해질 때까지 끓인다.

뜨거울 때 열탕 소독한 병에 넣고 냉장 보관한다.

◎ 쿠키

① 수수설탕 60g과 우유 1T을 섞어둔다.

② 아몬드(얇게 썬 것) 50g을 160℃의 오븐에 10분 정도 구워 노릇해지면 꺼내 식힌다.

실온에서 부드러워진 무염버터 70g에 ①을 넣고 크림 상태가 될 때까지 잘 젓는다. 여기에 ②와 함께 아니스 씨앗 ½t도 넣어 같이 섞는다. 체에 내린 박력분 110g도 넣고 고무주걱으로 가볍게 섞어준다.

스푼으로 떠서 오븐 판에 30개 정도의 반죽을 올린다. 170℃로 예열한 오븐에서 18~20분 정도 굽는다.

◎ 포푸리에그

달걀(큰 것) 가운데에 구멍을 뚫어 속을 빼내고 깨끗이 씻어준다. 물기가 마르면 공작용 칼로 구멍 가장자리를 고르게 정리한다.

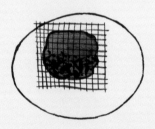

안에 포푸리(식물이나 향신료에 에센셜오일을 뿌린 방향제)를 넣고 구멍 위에 구멍보다 조금 크게 잘라놓은 레이스를 붙인다. 반년 이상 숙성시킨 포푸리를 이용하면 향기를 오랫동안 즐길 수 있다. 방충 효과가 있는 허브를 이용하면 방충제 대신으로도 사용할 수 있다.

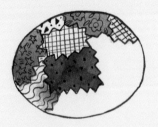

2cm 정사각형으로 자른 조각 천을 접착제를 사용해 원하는 모양으로 붙인다. 천을 자를 때 핑킹가위를 쓰면 실밥이 덜 생긴다.

◎ 화장수

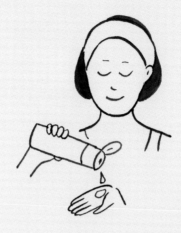

주전자에 뜨거운 물과 말린 허브를 넣고 뚜껑을 닫는다. 10~15분 정도
두었다가 허브를 걸러내면 완성. 꿀과 소독용 알코올을 적당량 넣으면 로
션도 된다.

◎ 입욕제

말린 허브를 잘게 썰어서 천 주머니(혹은 티백)에 담아 욕조에 넣는다.

◎ 비누

냄비에 말린 허브 4g을 넣고 뜨거운 물을 부은 뒤 뚜껑을 닫고 7~8분간
뜸을 들인다. 이 물을 거즈로 거른 추출액 3T 정도를 볼에 담고 여기에
꿀 2t을 넣고 섞는다.

볼에 비누 소지(혹은 고형의 무첨가 비누) 100g을 넣고 고루 섞어준다.
고형 비누의 경우 강판으로 곱게 간 것을 쓴다.

반죽이 귓불 정도로 말랑한 상태가 되면 랩을 깔고 좋아하는 모양으로
만든다. 10일 정도 그늘에서 말리면 완성된다.

◎ 풋바스

양발이 들어갈 수 있는 넉넉한 대야에 말린 허브를 넣고 뜨거운 물을 붓는다. 잠시 후 적정 온도가 되면 발을 넣고 따뜻하게 몸을 데워준다. 몸에서 살짝 땀이 나기 시작하면 발을 닦고 보습제를 발라준다.

◎ 페이셜사우나

대야에 말린 허브를 넣고 뜨거운 물을 붓는다. 커다란 수건을 머리에서부터 푹 뒤집어쓰고 3~5분 정도 증기를 얼굴에 쏘인다. 이때 눈을 감아야 한다. 남은 물에 손을 잠시 담그면 보습에 도움이 된다.

집에서 식물을 키운다면 삶의 활력이 되어주는
허브만 한 게 또 있을까?
정원이 없어도 작은 베란다 또는 화분만 있으면
도구 몇 가지와 약간의 비법으로 누구나 간단히 키울 수 있다.
허브가 하나 있는 것만으로도 일상이 즐거워진다.

오늘은 친구가 우리 집에 오는 날.
잘 자란 민트로 허브차를 만들어보자.
내가 키운 민트를 넣었다고 하면 놀라지 않을까?

『향기로운 꽃 안내서』

향기로운 일상을 꿈꾸는 사람들에게
기본이 되는 50가지 꽃 안내서

수많은 꽃 중에서도 향기 가득한 꽃들을 소개하고 있습니다.
꽃의 특징과 유래, 일상에서의 다양한 쓰임 등을 만나보세요.